AF602669

DÉFENSE

DES

COLONIES.

I.

GROUPE PROBATOIRE

COMPRENANT :

LA COLONIE HAIDINGER, LA COLONIE KREJČI ET
LA COULÉE KREJČI.

PAR

JOACHIM BARRANDE.

> Vos colonies ont glorieusement gagné du terrain.
>
> W. Haidinger.

Chez l'auteur

à Prague
Kleinseite, Nr. 419, Choteksgasse.

à Paris
Rue Mézière Nr. 6.

25 nov. 1861.

IMPRIMERIE DE CHARLES BELLMANN À PRAGUE.

TABLE DES MATIÈRES.

Page.

Chap. I. Quelles sont les colonies contestées? — Par qui sont-elles contestées? 5

Chap. II. Exposé succint des débats sur les colonies, à partir du 31 août 1859, jusqu'au 30 novembre 1861 10

Chap. III. Rapport de M. le directeur Haidinger, sur les colonies, à la séance du 30 octobre 1860 15

Chap. IV. Groupe probatoire, comprenant la colonie *Haidinger*, la colonie *Krejči* et la coulée *Krejči* 21

Chap. V. Conséquences qui dérivent de l'apparition de la coulée *Krejči*, sous le point de vue stratigraphique et sous le point de vue moral 25

Chap. VI. Résumé. — Etat de la question 30

CHAPITRE I.

Quelles sont les colonies contestées? — Par qui sont-elles contestées?

Des lettres écrites sur le bord du Danube et qui circulent dans les principales capitales de l'Europe, annoncent depuis plus d'un an, que l'Institut géologique impérial de Vienne a reconnu l'inexactitude des déterminations stratigraphiques, par lesquelles nous avons établi nos colonies, dans le bassin silurien de la Bohême.

Nous avons à cœur de rectifier deux erreurs graves, que ces correspondances ont pour but d'accréditer, dans l'esprit des savans étrangers.

I. D'abord, en ne faisant aucune distinction entre nos diverses colonies, on voudrait qu'elles fussent toutes confondues en une seule catégorie, afin de les anéantir plus aisément d'un seul coup.

Or, quiconque nous a fait l'honneur de lire l'extrait de nos travaux, intitulé *Colonies (Bull. Soc. géol. de France, XVII. p. 602. 1860)* a dû remarquer que:

1. Nous avons établi la colonie *Zippe* comme un fait incontestable et au sujet duquel nous ne concevons aucune discussion possible.

2. Nous avons au contraire déclaré que, pour achever notre ouvrage, il nous restait à écrire un chapitre réservé *aux réponses éventuelles à faire aux argumens que M. Krejči pourrait produire contre celles de nos colonies qui restaient encore en litige, entre lui et nous.*

Nous avons ainsi suffisamment désigné les deux colonies *Haidinger* et *Krejči*, puisque M. Krejči avait déjà reconnu la colonie *Zippe*. *(Ibid. pp. 608—609.)*

Notre première publication avait donc nettement établi la distinction, entre la colonie *Zippe* base primitive et inébrantable de notre doctrine, et les deux colonies *Haidinger* et *Krejči*, que leurs apparences peuvent soumettre à des contestations temporaires, bien qu' elles soient destinées, suivant nous, à devenir bientôt également incontestables, par l'effet même de la discussion.

Or, lorsque M. le directeur Haidinger s'est fait entendre à l'Institut géologique de Vienne, le 30 octobre 1860, pour annoncer, que les résultats des recherches de M. le géologue en chef Lipold confirmaient pleinement les vues de M. le Prof. Krejči, au sujet des deux colonies *Haidinger* et *Krejči*, il a commencé sa communication par un coup d'œil sur l'histoire de la colonie *Zippe*, source première de notre doctrine des colonies, qu'il a déclarée parfaitement fondée, d'après ce seul fait. *Vollkommen sicher gestellt. (Jahrb. k. k. R. A. XI. p. 117.)*

Il est donc aujourd'hui bien constaté, que ce sont seulement les deux colonies *Haidinger* et *Krejči*, qui ont été l'objet d'une attaque, à l'Institut géologique de Vienne, tandisque la colonie *Zippe* n'a été jusqu'à ce jour contestée par personne, à notre connaissance.

Mais par qui les deux colonies *Haidinger* et *Krejči* sontelles réellement contestées?

II. La seconde tendance des correspondances est de faire croire, que l'Institut géologique, en corps, se prononce contre la réalité de ces deux colonies.

Or, le rapport officiel de M. le directeur Haidinger, en date du 30 octobre 1860 et la communication de M. le géologue en chef Lipold, en date du 11 décembre suivant, constatent évidemment, que M. Lipold est le seul géologue de l'Institut impérial, qui ait exploré le terrain.

M. Lipold est donc le seul auteur des observations invoquées contre la réalité des deux colonies *Haidinger* et *Krejči*. *(Jahrb. k. k. R. A. XI. pp. 117 et 154.)*

Pourrait-on croire, d'après les correspondances, que l'Institut géologique tout entier donnerait sa sanction scientifique et morale aux observations et aux opinions de M. Lipold?

D'abord, il est de fait, que les documens publiés jusqu'à ce jour ne font aucune mention quelconque, ni explicite, ni implicite, d'une telle sanction.

En second lieu, la simple supposition d'une sanction donnée dans de telles circonstances, nous semble extrêmement injurieuse envers le corps des géologues impériaux.

En effet, admettre que tous les géologues de l'Institut Impérial, sans avoir jeté un seul coup d'œil sur les colonies contestées, ont adopté les vues de leur collègue M. Lipold, au point d'accepter une commune solidarité avec lui, ce serait, en quelque sorte, assimiler ce corps savant à un polypier intellectuel, dans lequel les idées et conceptions produites par l'un quelconque des individus, seraient immédiatement mises en circulation dans la masse, pour être inévitablement incorporées dans chacune des intelligences associées.

En d'autres termes, ce serait supposer, que M. M. les géologues impériaux, d'un commun accord, ont abjuré leur indépendance intellectuelle, qui est le plus beau et le plus indispensable attribut de tout homme de science.

Non, nous ne croirons jamais à une semblable abnégation, que rien ne peut commander et que rien ne peut excuser.

Au contraire, nous revendiquons hautement une parfaite indépendance d'opinion, d'abord, au nom de notre honorable émule et ami, M. le chevalier Franz de Hauer, premier géologue de l'Institut impérial, et aussi distingué par son rang éminent dans la science, que par les nobles sentimens héréditaires dans sa famille. Nous la revendiquons également, au nom de tous les autres géologues impériaux, et nous voulons que cette protestation, si spontanée de notre part, soit à leurs yeux la preuve évidente de la haute considération, que nous leur avons publiquement témoignée, dans une autre circonstance. *(Jahrb. d. k. k. R. A. VII. p. 359.)* et *(Bull. Soc. géol. de France. XIII. p. 537. 1856.)*

Nous attendrons donc que ces savans aient réellement visité et convenablement étudié la zône de nos colonies, pour croire qu'ils ont acquis à ce sujet des convictions fondées, et qui puissent être publiquement proclamées.

Ainsi, jusqu'à ce jour, l'interprétation stratigraphique opposée à nos opinions, à l'égard des colonies *Haidinger* et *Krejči*, et exposée par M. le directeur Haidinger, le 30 octobre 1860, est uniquement la conception personnelle de M. Lipold. Nous avons même de puissans motifs de penser, qu'elle n'est pas partagée sans réserves par M. Krejči; d'abord, à cause des faits contraires, qu'il a constatés sur la zône des colonies, dans sa carte génerale de notre bassin, qui est sous nos yeux, et avant tout, à cause de sa loyauté, à laquelle nous avons déjà rendu hommage, dès l'origine de ces débats. Nous espérons que M. Krejči trouvera convenable de s'expliquer à ce sujet et nous nous empresserons de publier ses réserves.

Nous avons souvent entendu dire à feu Sir Henri Dela Bêche, célèbre géologue et fondateur du *Geological Survey* d'Angleterre, premier modèle de toutes les institutions semblables, qu'il considérait comme un devoir, dans le double intérêt de la science et du corps qu'il dirigeait, de laisser à ses collaborateurs toute la responsabilité, comme tout le mérite de leurs travaux. Ce principe, maintenu dans toute son intégrité, par notre illustre maître et ami, Sir Rodérick Murchison, aujourd'hui directeur du *Survey*, nous a toujours paru très-sage et nous ne pouvons supposer, que M. le conseiller aulique Haidinger, placé dans une semblable position, puisse avoir une autre sagesse.

Nous regrettons donc vivement que, cédant avec un si grand abandon, à l'effusion de la satisfaction et de la confiance, que lui inspiraient les résultats, en apparence si décisifs des explorations de M. Lipold, le respectable directeur de l'Institut impérial n'ait pas songé à indiquer par un seul mot, que, dans une question si délicate, il laissait l'entière responsabilité des faits au géologue explorateur. Si cette idée ne lui est pas venue en lisant son rapport, à la séance du 30 octobre 1860, c'est sans doute, parcequ'il a oublié, pour un instant, qu'un observateur, réputé consciencieux, étudiait depuis plus de vingt ans la contrée que M. Lipold a entrevue durant quelques semaines.

La présente publication et celles qui vont suivre montreront, quels avantages les observations ignorées, patientes et répétées d'un simple chercheur de la vérité, peuvent avoir sur une exploration annoncée avec éclat, et précipitamment exécutée, serait-ce même par des organes officiels.

Nous espérons que ces explications suffiront pour mettre en garde les savans étrangers, contre les nouvelles apocryphes de certaines correspondances, auxquelles nous assimilerons les propos peu réfléchis et peu bienveillans d'un jeune voyageur du Nord, qui aurait passé avec M. Krejči devant quelqu'une de nos colonies.

CHAPITRE II.

Exposé succint des débats sur les colonies, à partir du 31 août 1859, jusqu'au 30 novembre 1861.

La communication que nous avons faite à la Société géologique de France, le 4 juin 1860, sous le titre de *Colonies etc. (Bullet. XVII. p. 602.)* a déjà exposé l'origine de ces débats, que nous rappélerons en quelques mots.

Le 31 août 1859, M. le conseiller aulique Haidinger, directeur de l'Institut géologique impérial de Vienne, annonce dans son rapport officiel, que M. le Prof. Krejči est parvenu, par des études stratigraphiques, à découvrir, que les colonies siluriennes de Bohême s'expliquent simplement par des dislocations du terrain. *(Jahrb. d. k. k. R. A. X. p. 112. 1859.)*

Le 17 octobre 1859, nous constatons, dans notre protestation adressée à M. Haidinger, que le 4 du même mois, c. à d. plus d'un mois après l'annonce de sa découverte, M. Krejči ignorait encore les faits principaux sur lesquels repose notre doctrine des colonies, et notamment l'existence de la colonie *Haidinger*. *(Colonies. p. 605 etc.)*

Le 18 février 1860, M. Haidinger nous écrit: *que la réclamation de M. Krejči s'est trouvée tout à fait illusoire et ne reposant pas sur des faits, tandisque nos colonies ont glorieusement gagné du terrain. (Ibid. p. 607.)*

Tels sont les incidens qui ont précédé la publication de nos *Colonies.*

Dans ce mémoire, extrait d'un ouvrage plus étendu et encore inédit, nous avons d'abord décrit trois de nos colonies, désignées par les noms de *Zippe, Haidinger* et *Krejči.* Nous avons ensuite exposé les rapports qui existent entre nos colonies de Bohême et les faits constatés dans la distribution verticale des faunes, soit siluriennes, soit jurassiques, dans diverses contrées. Enfin, après avoir reproduit notre interprétation des colonies, nous avons montré, que notre doctrine est en parfaite harmonie avec les principes adoptés par les autorités les plus respectées dans la science.

Malgré le bon accueil que beaucoup de savans ont fait à cette publication, nous ne pouvons nous dissimuler, qu'elle n'a pas été reçue partout avec la même faveur. Un géologue allemand, occupant un rang très élevé dans la science, nous écrivait à cette occasion, durant l'automne de 1860, que notre mémoire *avait soulevé un véritable ouragan parmi nos contradicteurs.*

Nous étions trop loin de la Bohême et trop absorbé, soit par des études d'outremer, soit encore plus par de graves sollicitudes, étrangères à la science, pour pouvoir faire attention aux signes précurseurs de cette tempête.

Nous avons eu très-tardivement connaissance des deux annonces suivantes, extraites des rapports officiels de M. Haidinger.

30 juin 1860. „Parmi les travaux demandés durant cet été à M. le conseiller aux mines Lipold, géologue en chef de la première section, il y en a un d'une haute importance. Il consiste dans l'étude de l'une des colonies les plus accessibles de M. Barrande, pour en faire un relevé complet dans tous ses détails." *(Jahrb. d. k. k. R. A. XI. p. 102.)*

31 juillet 1860. „M. le conseiller aux mines Lipold, géologue en chef de la première section, s'occupe à appliquer les procédés de la *Markscheidekunst* à l'étude des colonies silu-

riennes nommées *Haidinger* et *Krejči* par M. Barrande. Cependant, les résultats de ses travaux ne peuvent être obtenus que plus tard." *(Ibid. p. 105.)*

Suivant l'usage, ces annonces ont été répétées par les journaux.

Les dates citées montrent, qu'avant même que notre mémoire du 4 juin fût parvenu à Vienne, M. Haidinger s'était sérieusement occupé des mesures nécessaires, pour continuer les débats commencés au sujet des colonies. Nous le louons même d'avoir pensé, qu'après les expressions si sévères employées dans sa lettre du 18 février 1860, à l'égard des observations de M. Krejči, il devait une sorte de dédommagement à ce volontaire si dévoué.

Pour combler les profondes lacunes, par trop évidentes dans les recherches de M. Krejči, M. le directeur Haidinger choisit un des plus hauts fonctionnaires de l'Institut géologique impérial. Mais, outre les garanties offertes par les titres respectables de ce haut dignitaire, son travail sur les colonies a dû être basé sur les opérations géométriques, qui constituent la *Markscheidekunst*, ainsi que nous l'apprennent les annonces ci-dessus.

Nous sommes obligé d'employer le mot allemand *Markscheidekunst*, parceque la langue française ne possède aucun terme équivalent. La science désignée par cette expression allemande est enseignée à l'Ecole des Mines de Paris, sous le nom de *l'art de lever les plans*. Cette modeste dénomination ne rend nullement le prestige que possède la *Markscheidekunst*, concentrant l'idée de l'application infaillible des plus savantes formules de la géométrie et du calcul dans les mines. Nous pourrions, il est vrai, recourir à l'expression de *Géométrie souterraine*, employée quelque fois dans ce sens. Mais, en cette occasion, nous croyons convenable de nous en abstenir, de peur d'avoir l'air de vouloir jeter du ridicule sur une reconnaissance, qui n'a pu se faire qu'à la surface du sol, et qui parait avoir en lieu, sans la moindre fouille, probablement aussi sans aucun instrument, si ce n'est le prisme trompeur de la préoccupation.

M. le géologue en chef Lipold a exécuté, durant l'été de 1860, la haute mission qui lui était confiée.

Le 30 octobre 1860, jour de la séance solemnelle et annuelle, M. le directeur Haidinger a annoncé, en personne, les résultats sommaires de l'exploration de M. Lipold, savoir : que nos colonies *Haidinger* et *Krejči* sont simplement des lambeaux de notre étage *E*, renfermés entre les plis de la bande *d 5*, couronnant l'étage des quartzites *D*.

Avant de mettre sous les yeux de nos lecteurs la traduction de ce remarquable rapport, nous nous faisons un devoir de reconnaître la courtoisie de M. Haidinger, qui, dès le 31 octobre, a bien voulu nous annoncer la nouvelle communiquée par lui au public, dans la séance de la veille, en joignant à sa lettre un calque authentique de la carte et des sections de M. Lipold, relatives aux colonies. Cette généreuse attention ayant été annoncée par anticipation, dans le rapport du 30 octobre, nous impose évidemment l'obligation de rendre compte de notre silence depuis cette époque, c. à d. depuis plus d'un an.

Nous ferons d'abord remarquer, que cette communication nous est parvenue à Paris, où nous étions privé de tous nos documens laissés à Prague, et que notre séjour en France s'est encore prolongé durant une année presque entière.

En second lieu, la carte et les profils de M. Lipold sont accompagnés, pour toute explication, d'une légende de quelques lignes. La lettre de M. Haidinger n'est pas plus explicite, et se réduit à annoncer le sens de son rapport du 30 octobre. Nous en reproduirons ci-après les passages les plus importans.

Ainsi, nous n'avons réellement reçu à Paris qu'un double *billet de faire part*, annonçant la dégradation scientifique de nos deux colonies, par sentence officielle. Cette triste nouvelle aurait pu nous émouvoir, si notre épigraphe n'eût été là pour nous rappeler, sous la respectable garantie de M. Haidinger, combien est rapide, complète et consolante, la métamorphose que subissent de pareils jugemens, par le seul effet du temps et de la loyauté du juge mieux informé.

En juin 1861, c. à d. après une attente de près de huit mois, nous demandâmes à Vienne le rapport de M. Haidinger.

Il nous fut répondu, que la publication du *Jahrbuch* étant suspendue, l'impression de ce document était encore ajournée, sans limite déterminée.

On concevra que le texte de ce rapport nous était indispensable, parceque les correspondances auxquelles nous avons fait allusion en commençant, se disaient fondées sur les paroles prononcées par M. Haidinger, au 30 octobre 1860.

Nous continuâmes donc à attendre avec patience la publication et la communication du rapport en question, d'abord à Paris, puis à Prague, où nous sommes revenu, au commencement de cet automne, après une absence de plus de 18 mois.

Enfin, le 10 novembre dernier, c. à d. il y a 15 jours, un ami a eu la complaisance de nous prêter deux livraisons du *Jahrbuch* de l'Institut impérial, publiées récemment. Nous y trouvons à la fois le rapport de M. Haidinger du 30 octobre 1860, et un extrait de la communication verbale faite par M. Lipold, sur les colonies, à la séance du 11 décembre de la même année.

En ce qui concerne les résultats généraux du travail de M. Lipold, les seuls que nous puissions considérer aujourd'hui, ces deux documens ne sont que la reproduction l'un de l'autre. Nous nous bornerons donc à traduire le rapport de M. le directeur Haidinger, qui, tout en proclamant devant le monde savant les affirmations de M. Lipold, nous fournit en même temps la preuve évidente de ses propres illusions.

CHAPITRE III.

Rapport de M. le directeur Haidinger sur les colonies, à la séance du 30 octobre 1860.

„L'un des travaux que M. le conseiller aux mines Lipold a exécutés avec un plein succès, durant l'été dernier, est d'une nature toute particulière. Il s'agissait, en effet, de scruter exactement dans les environs de Prague, la nature de l'une des enclaves que M. Barrande a distinguées par le nom de *Colonies,* dans les formations siluriennes.

„Je ne puis mentionner ce succès qu'en peu de mots; mais il sera plus tard le sujet d'une plus longue et importante communication de M. Lipold lui-même.

„L'apparition des faunes particulières dans des couches inférieures, tandisqu'elles n'atteignent leur complet développement que dans des couches supérieures, séparées par des couches avec des enclaves de formes organiques différentes, représente la véritable idée des *colonies.* (?)

„Cette idée a été conçue par M. Barrande, au sujet d'un gîte de fossiles siluriens, dans la Bruska, près Prague. Ce gîte, d'abord découvert et exploité par notre très-honorable ami Zippe, fut étudié plus tard par M. Barrande, sur les fossiles recueillis, parmi lesquels il reconnut le mélange des formes de deux faunes différentes. Il nomma plus tard cette enclave, *Colonie Zippe.*

„De la même manière, il nomma deux autres colonies: *Haidinger* et *Krejči.* M. le Prof. Krejči avait déjà élevé, l'an dernier, des doutes sur la nature des colonies, en général. M. le Prof. Suess nous communiqua, durant l'automne dernier, dans notre première séance du 22 novembre, les résultats d'une recherche entreprise par lui, et qui avait nommément pour objet l'histoire de la colonie *Zippe*. M. Barrande lui-même, me fit l'honneur de m'adresser une lettre amicale, dans laquelle il maintient, de la manière la plus positive, ses opinions primitives, en opposition contre celles de M. le Prof. Krejči. Ces deux lettres sont publiées dans notre *Jahrbuch*; pour 1859 *(pp. 479 — 481)*. Je suis encore redevable, à M. Barrande, pour l'envoi d'une communication faite plus tard par lui, à la Société géologique de France *(4 juin 1860. Bull. XVII. p. 602)* et dans laquelle, non seulement il donne un rapide aperçu des faits relatifs à la Bohême, mais encore il fait ressortir les phénomènes analogues connus dans les autres pays. *Le fait de l'existence des faunes fossiles prophétiques, suivant l'expression d'Agassiz, est donc parfaitement établi.*

„Mais c'est une tout autre question de savoir, si tous les gîtes de fossiles, que M. Barrande considère comme des colonies, en Bohême, méritent réellement ce nom, après les plus exactes recherches. Or, c'est précisément sur cette question, que M. Lipold nous apporte des observations et des rapports si exacts, qu'on ne peut pas accorder le nom de colonies, à celles qui ont été nommée *Haidinger* et *Krejči*. Elles paraissent, dans les couches, suivies avec le plus grand soin, comme le résultat de grands plissemens, qui se recouvrent. Par des études qui descendent jusqu'aux plus petits détails, M. Lipold a scruté les rapports de gisement, non seulement des deux colonies en question, qui sont situées dans le voisinage de Kuchelbad, mais encore il a étendu ses recherches avec le même soin, vers le Sud-Ouest, par Radotin, Czernoschitz, Karlik, Trzeban et Litten. Il a trouvé des lambeaux de l'étage *E*, ou couches de Litten, enclavés d'une manière analogue aux colonies *Haidinger* et *Krejči*, entre les couches du *mont Kosow* et celles de *Koenigshof*, (c. à d. *D* et *d. 5)* près de Radotin, Kosorz, Czernoschitz et Wonoklas. Ces enclaves sont en partie isolées, et on ne peut pas exactement établir leurs connexions, à cause du recouvrement par le diluvium. (?) Mais à partir de Karlik, l'encastrement s'étend sans interruption vers le Sud-Ouest, jusqu'à Litten, gagnant constamment en extension. Là, il est immédiatement recouvert par les couches de Kuchelbad, c. à d. par les calcaires de l'étage *E*, tandisqu'au contraire, les couches de Kosow et de Koenigshof se terminent en angle aigu. De nombreuses sections, remarquablement belles et instructives ne laissent aucun doute sur la nature des relations stratigraphiques.

„Les résultats des soigneux travaux géométriques de M. Lipold confirment la justesse des vues conçues par M. le Prof. Krejči, d'après l'étude des couches. M. le conseiller aux mines Lipold a déjà communiqué à M. Barrande la copie de sa carte et de ses sections.

„Le haut intérêt qu'excite cette question attirera certainement durant l'été prochain 1861, plus d'un géologue, vers ces gîtes de fossiles siluriens, qui se montrent de plus en plus classiques. L'étude exacte de ces localités, pendant cet été, était pour nous un devoir, que nous ne pouvions décliner. Les nombreuses localités nouvelles (?) découvertes par M. Lipold exigent sans doute des recherches soigneuses durant des années, pour recueillir des fossiles etc.; ce qui aurait fait perdre trop de temps durant le levé de notre carte détaillée, mais on peut s'en promettre plus d'un important résultat." *(Jahrb. d. k. k. Reichs-Anst. XI. p. 116. 30. Oct. 1860.)*

En étudiant le document qui précède, on reconnaît aisément, que la définition des colonies donnée par M. Haidinger, laisse beaucoup à désirer, sous le rapport de la lucidité.

En second lieu, les indications relatives à la colonie *Zippe* sont si incomplètes, qu'elles ne paraissent pas justifier logiquement la conclusion qui les accompagne et que nous avons soulignée dans le texte.

Cependant, nous devons considérer cette conclusion comme une reconnaissance de l'exactitude de notre doctrine des colonies, en général, et de l'existence de la colonie *Zippe*, en particulier. En effet, le passage souligné ci-dessus, est clairement confirmé par les passages suivans, de la lettre que M. le directeur Haidinger nous a fait l'honneur de nous adresser, le 31 octobre, c. à d. le lendemain de la séance où il a lu le rapport qui précède.

„J'avais cru de mon devoir de poser à M. Lipold des questions bien urgentes, pour l'étude approfondie de l'une ou l'autre de vos colonies *Krejči* et *Haidinger*. Dans son rapport, il donne ses raisons pour ne point considérer ces deux colonies comme rentrant dans l'idée des Colonies, dérivée des faits de la vraie première colonie *Zippe*.

. . . .

„J'ai cru devoir adopter les conclusions de M. Lipold, d'après lesquelles, les colonies *Krejči* et *Haidinger* trouveraient leur explication dans des plissemens, comme ils se rencontrent en si grand nombre, dans les couches de tout âge. Quoique, de cette manière, les localités nommées plus haut ne rentrent plus dans l'idée des colonies, toutefois cette idée elle-même reste intacte, comme vous l'avez déduite, d'après les données de la colonie *Zippe*, et comme elle a été démontrée aussi dans beaucoup d'autres pays. M. Suess me dit que, dans ses récentes études du terrain tertiaire des environs de Horn, il a trouvé des colonies, jusques dans les dépôts bien récens, de faunes littorales, et sub-littorales. Quoique le point principal, la nature des vraies colonies, reste trop bien établi pour pouvoir être encore attaqué, il y a néanmoins beaucoup d'importance à étudier tout ce qui se présentait sous forme apparente de colonie."

Ces passages justifient donc complétement la conclusion soulignée par nous dans le rapport de M. Haidinger. En rendant hommage à leur lucidité, nous devons penser, que quelque négligence d'un copiste ou d'un typographe aura tronqué et obscurci la partie de ce rapport, qui est relative à la définition des colonies et à la colonie *Zippe*. Cette interprétation nous semble d'autant plus naturelle, que la seconde partie du même document, c. à d. celle qui expose les résultats des études de M. Lipold, sur les colonies *Haidinger* et *Krejči*, est écrite avec toute la clarté habituelle du style de M. le directeur Haidinger.

Cette seconde partie doit attirer notre attention la plus sérieuse. En effet, les éloges prodigués à tant de reprises et avec des formules si positives et si étendues à l'exactitude des recherches de M. Lipold, nous montrent encore une fois, combien il est aisé de surprendre la confiance et de dévier l'ardeur scientifique de M. Haidinger, surtout quand il s'agit de proclamer un nouveau mérite, à la suite de tant de mérites acquis par les géologues placés sous sa direction paternelle. Mais, nous sommes convaincu, que le respectable directeur de l'Institut impérial, averti par notre voix, ne tardera pas à revenir de ses illusions et à prendre une de ces nobles et courageuses résolutions, dont il nous a déjà donné plusieurs exemples, et qui seules conviennent à sa droiture innée et à la dignité de sa haute position.

Pour nous, qui avons à remplir le devoir inexorable que nous impose la sincérité de nos convictions et la défense de la vérité, nous éprouvons le plus vif regret d'être, malgré nous, dans la dure nécessité de déclarer au monde savant, que le travail de M. Lipold, loin d'être digne des louanges et de l'admiration de M. Haidinger, est entaché d'inconcevables négligences, de graves erreurs, et de licences inouïes, qui ont fourni une forte part des élémens constituant les prétendus plis de ce géologue.

Ainsi, les résultats d'une telle exploration, bien qu'ils nous soient annoncés sous la double garantie d'un conseiller aux mines, appliquant la *Markscheidekunst*, et d'un géologue en chef exerçant la stratigraphie, ne sauraient avoir aucun poids dans la question des colonies, qui exige une *véritable exactitude.*

Les négligences, les erreurs, les licences que nous signalons, ont frappé notre attention, dès que la carte et les sections de

2*

M. Lipold se sont trouvées sous nos yeux. Nous les ferons de même toucher au doigt par chacun de nos lecteurs, dès que les mêmes élémens de la discussion seront entre leurs mains. Sans le secours de ces documens, il nous serait absolument impossible de faire comprendre, ni les détails, ni l'ensemble des faits matériels, que nous avons à discuter.

Nous supplions donc M. le directeur Haidinger, au nom *du haut intérêt qu'excite cette question*, suivant ses propres termes, et aussi au nom de la justice qui nous est due, de publier le plutôt possible, le texte complet, la carte spéciale et les sections de M. Lipold, représentant ensemble les résultats de ses recherches, au sujet des colonies *Haidinger* et *Krejči*.

La haute loyauté du chef de l'Institut géologique impérial nous fait espérer, que nos vœux seront accomplis et que la carte et les sections, seront reproduites dans toute leur intégrité, d'après les dessins originaux, dont un calque nous a été officiellement communiqué, ainsi que le constate le rapport de M. Haidinger. Si nous insistons vivement sur ce point, c'est parceque ces dessins constituent les pièces authentiques, d'après lesquelles nos colonies *Haidinger* et *Krejči* ont été si sommairement jugées et condamnées. Il est donc de toute justice de reproduire ces pièces, dans leur intégrité primitive, devant le public savant, c. à d. devant le seul jury compétent, auquel nous soumettons cette cause.

Afin de bien prouver, que nous n'entendons pas nous borner à une simple protestation, en attendant les publications demandées, nous allons commencer une série de communications, destinées à constater des faits isolés, qui peuvent être aisément compris, sans le secours d'aucune carte, ni d'aucune section du terrain. Ces faits, que chacun pourra immédiatement vérifier, sur la place indiquée, donneront la juste mesure de l'exactitude tant prônée des recherches de M. Lipold. Ce seront autant de points fixes, que nous établirons d'avance, pour tracer la voie de la discussion et la réduire aux termes les plus simples. C'est le seul moyen actuellement en notre pouvoir, pour hâter la conclusion de ces pénibles débats, dans lesquels notre rôle est purement passif.

Nous mettons donc immédiatement la main à l'œuvre.

CHAPITRE IV.

Groupe probatoire, comprenant la colonie Haidinger, la colonie Krejči et la coulée Krejči.

Le pierre de touche sert à éprouver la pureté de l'or et à fixer sa valeur commerciale.

De même, le groupe colonial, que nous nommons *probatoire*, va nous servir, pour la seconde fois, à apprécier la valeur scientifique, c. à d. la véritable étendue et l'exactitude des recherches de nos contradicteurs, comme la portée de leurs argumens contre nos colonies *Haidinger* et *Krejči*.

Ce groupe est situé près Gross Kuchel, à 7 ou 8 kilomètres au Sud de Prague, distance qui ne dépasse pas les limites ordinaires d'une promenade géologique. Le terrain où il est placé est sans culture, en grande partie découvert et accessible en tout temps. Ainsi, le groupe probatoire peut être visité et étudié tous les jours.

De ces circonstances, rarement réunies, dérive le privilège tout particulier, que possède ce groupe, savoir, d'être invoqué successivement et à la distance de plusieurs années, pour faire subir deux piquantes épreuves aux études des prétendus rectificateurs de nos déterminations stratigraphiques.

La première de ces épreuves remonte à l'année 1859, c. à d. à l'époque où M. le Prof. Krejči annonça pour la première fois, que nos colonies s'expliquaient simplement par des dislocations.

Rappelons-nous que, dans son rapport officiel du 31 août 1859, M. le conseiller aulique Haidinger, en publiant la prétendue découverte de M. Krejči, n'avait pas manqué de constater, que cet explorateur, associé comme volontaire aux travaux de l'Institut géologique impérial, *avait suivi avec la plus grande attention le cours des couches, dans le sens de leur direction.* On devait donc penser, que la découverte de M. Krejči était le fruit naturel de cette étude stratigraphique, si approfondie, et sans doute jusqu'alors sans exemple, dans le bassin silurien de la Bohême.

Or, il fut immédiatement démontré, par notre protestation adressée à M. *Haidinger,* le 17 octobre 1859, que M. Krejči, malgré *sa plus grande attention*, n'avait pas eu la chance de rencontrer une très importante colonie, savoir, la colonie *Haidinger,* située près Gross Kuchel, c. à d. tout près de la colonie que nous avions montrée à M. Krejči en 1850 et que nous avons nommée colonie *Krejči*, après l'origine de ces débats. *(Colonies. Bullet. Soc. géol. de France, XVII. p. 604. 1860.)*

Ainsi, la révélation de la colonie *Haidinger*, faite par nous en 1859, donna l'exacte mesure de *la plus grande attention* attribuée par M. le directeur Haidinger aux recherches de M. Krejči.

A ce fait déjà connu, nous sommes obligé d'ajouter quelques détails, que les circonstances actuelles rendent importans, pour l'intelligence de ce qui va suivre.

Le 4 nov. 1859, en recevant notre confidence au sujet de la colonie *Haidinger*, M. Krejči était visiblement très-contrarié. Cependant, il ne chercha point à s'excuser de n'avoir pas aperçu cette enclave si apparente. Son silence nous paraissant de très-bon goût, nous toucha et nous entraîna à lui donner une plus ample marque de notre bienveillance. Nous lui dîmes donc:

„Prenez garde, M. Krejči, la colonie *Haidinger* n'est pas probablement la seule enclave que vous n'ayez pas vue. Il y en a plusieurs autres, qui peuvent vous avoir échappé, et nous en connaissons entr'autres de très-petites, qui ne sont visibles que sur quelques mètres de longueur."

M. Krejči continua à garder le silence, pendant que nous dessinions pour lui un croquis de la colonie *Haidinger;* mais nous pensâmes que notre avis amical ne serait pas sans fruit, pour la continuation de ses recherches. Evidemment, nous étions dans l'erreur, comme le prouvera l'exposition successive des faits. Aujourd'hui, nous commençons par signaler l'un de ces faits, qui est relatif au groupe probatoire.

Ce fait est très-simple. Il consiste en ce que le groupe probatoire n'est pas seulement composé de la colonie *Krejči,* montrée par nous à M. Krejči en 1850, et de la colonie *Haidinger,* que nous lui avons révélée en 1859, mais encore d'une troisième enclave, régulièrement intercalée, comme ces deux colonies, entre les formations de la bande *d 5.*

Cette enclave, qui jusqu'ici, ne paraît composée que d'une coulée de trapp, est complétement distincte des deux colonies voisines, par la simple raison, qu'elle est placée sur un troisième horizon, notablement supérieur à celui de l'une et de l'autre colonie.

Or, cette coulée de trapp, que nous mentionnons aujourd'hui pour la première fois, n'a été vue, ni par M. Krejči, malgré l'avis amical que nous lui avons donné le 4 nov. 1859, ni par M. Lipold, malgré ses études *descendant jusqu'aux plus petits détails.* Les deux cartes officielles sur lesquelles sont tracées les observations successives de ces deux géologues, sont sous nos yeux et constatent également, que la coulée que nous signalons, a échappé à l'un comme à l'autre de nos contradicteurs.

Voilà donc la seconde épreuve, qui vient justifier le nom donné à notre groupe probatoire.

Si M. Lipold, se mettant au dessus de toute préoccupation, avait voulu réellement étudier la question des deux colonies *Haidinger* et *Krejči,* il aurait compris, que son premier devoir était de faire une section complète, au droit de chacune d'elles, dans toute l'étendue horizontale et verticale indispensable, pour montrer leurs rapports stratigraphiques, soit avec l'étage *E,* soit avec l'étage *D.* Or, au lieu de sections largement prises et clairement dessinées, nous trouvons sur son calque officiel deux petits croquis tronqués et inintelligibles, qui montrent obscurément les colonies, sans qu'on puisse voir la série des formations supérieures ou inférieures, entre lesquelles elles sont intercalées, et dont la comparaison est indispensable, pour étudier la véritable origine de ces deux enclaves. Sont-ce donc là ces *sections remarquablement belles et instructives*, qui ont séduit le respectable directeur Haidinger?

Remarquons de plus, que si M. Lipold avait voulu faire sur le terrain les deux sections que nous venons d'indiquer comme indispensables, il ne pouvait manquer de traverser et de voir la coulée, dont nous lui révélons aujourd'hui l'existence.

L'emplacement de cette coulée présenterait-il quelques circonstances topographiques, qui rendraient son approche difficile ou dangereuse pour les explorateurs? Nullement. Cette coulée est située tout simplement sur le grand chemin destiné aux voitures, et qui se dirige de Gross Kuchel vers Lochkow. Son extrémité vers l'Est n'est pas à plus de 400 ou 500 mètres de Gross Kuchel, et, à partir de ce point, on peut suivre les trapps, d'une manière continue, dans les petits ravins qui longent le chemin, sur une longueur d'environ 150 mètres, et sur une largeur de 6 à 8 mètres. Le sol, couvert au delà de ces limites, ne nous a pas permis de reconnaître, si les trapps sont accompagnés par des schistes à Graptolites, comme dans les colonies voisines.

La coulée, dans son étendue visible, offre une direction parallèle à celle de la colonie Krejči, dont elle est séparée par une distance horizontale, que nous évaluons à 150 mètres, et qui représente environ 100 mètres de distance verticale, dans la série des formations de la bande *d 5*. En considération de ces bonnes relations de voisinage, et de la part active que prend M. Krejči à l'illustration de nos colonies, nous désignerons cette nouvelle enclave par le nom de *coulée Krejči.*

D'après la proximité que nous avons antérieurement constatée, entre les colonies *Haidinger* et *Krejči (Bullet. XVII. p. 606. 1860.)* nous n'avons pas besoin de faire remarquer, que la coulée *Krejči* est également à peu de distance de la colonie *Haidinger*. L'intervalle qui les sépare peut être évalué à 300 ou 400 mètres. Ainsi, ces trois enclaves relativement si rapprochées, soit dans le sens horizontal, soit dans le sens vertical, constituent un groupe naturel, qui est notre *groupe probatoire.*

CHAPITRE V.

Conséquences qui dérivent de l' apparition de la coulée Krejči.

De l'apparition inattendue de la coulée *Krejči* dérivent d'importantes conséquences, que nous avons à considérer, d'abord sous le point de vue stratigraphique, et ensuite sous le point de vue moral.

1. Sous le point de vue stratigraphique.

Nous rappelons, qu'à l'origine de ces débats, en 1859, M. Krejči, ne connaissant du groupe probatoire que la colonie qui porte actuellement son nom, prétendait expliquer cette enclave par l'effet d'une dislocation. Cette conception se trouve encore exprimée sur la partie de la carte générale de notre bassin, qui est coloriée d'après les travaux de M. Krejči, et officiellement signée comme authentique, par M. le directeur Haidinger, le 10 sept. 1860. Nous voyons sur cette carte, parallèlement au contour Sud-Est de notre grand massif calcaire, une bande de quartzites, coloriée comme les couches du mont Brda, ou *Brdiwald*, c. à d. comme appartenant à notre bande des quartzites *d 2*. Cette bande serait donc relevée par une faille et ramenée au jour, sur une longueur continue de 23,000 mètres, à partir des environs de Mnienian, jusques près de Gross Kuchel, c. à d. jusqu'aux deux colonies *Haidinger* et *Krejči*.

Nous sommes fort étonné de retrouver sur la carte officielle cette indication, qui est en contradiction flagrante avec la carte spéciale de M. Lipold. En effet, ce géologue en chef a reconnu, avec toute raison, que les quartzites en question constituent une des formations de notre bande *d 5*, et il leur a donné le nom de *couches de Kosow*, tandisqu'il nomme *couches de Koenigshof* les dépôts schisteux de la même bande.

M. Lipold, après avoir parcouru le terrain, s'est vu forcé de sacrifier l'idée première des dislocations, qui, suivant M. Krejči, auraient produit les simulacres de nos colonies. Il a été contraint à cet abandon, par la nécessité d'atteindre à la fois deux colonies, placées sur deux horizons distincts, au lieu d'une seule, qu'avait en vue M. Krejči.

M. Lipold ne fait donc plus aucune mention des dislocations de M. Krejči et il leur substitue simplement les deux plis synclinaux, mentionnés ci-dessus.

Ainsi, les travaux de M. Lipold ont à la fois un double et singulier mérite. D'un côté, ils constatent que les conceptions stratigraphiques de M. Krejči sont sans fondement réel, et *se sont montrées tout à fait illusoires*, selon les expressions sévères de M. Haidinger. D'un autre côté, ils viennent pleinement confirmer la justesse des vues finales de M. Krejči, savoir, que nos deux colonies ne sont que des lambeaux méconnus par nous, de notre étage *E.*

Pour combien de jours la conception des deux plis synclinaux de M. Lipold a-t-elle confirmé les vues finales de M. Krejči ?

Sans entrer aujourd'hui dans le fond de cette question, pour les motifs déjà indiqués, nous ferons simplement remarquer, que M. Lipold connaissant seulement les deux colonies en question, dans notre groupe probatoire, n'a songé qu'à établir deux plis synclinaux, dont chacun correspond à l'une de ces enclaves. La coulée *Krejči* étant placée sur un troisième horizon, supérieur à celui de chacune des deux colonies, reste hors des atteintes des deux plis de M. Lipold, tout aussi bien que de la faille de M. Krejči.

Cependant, si nos contradicteurs veulent sérieusement maintenir le système des plissemens, il est de toute évidence, que pour expliquer la coulée *Krejči,* il faut indispensablement un troisième pli.

En effet, on doit remarquer, que M. Lipold fait jouer aux coulées trappéennes un rôle très-important, pour établir la prétendue connexion entre ses plis et les colonies *Haidinger* et *Krejči.* Nous citerons les coulées indiquées sur sa carte, au droit de Wonoklas et de Czernoschitz. Celle qui avoisine Wonoklas, nous montre d'ailleurs, un exemple des licences de ce géoloque, qui, amplifiant arbitrairement un élément très-exigu de trapp, lui a donné une longueur de 1,200 mètres et une largeur de 150 mètres, également invisibles sur le terrain. Mais, si les coulées de trapp représentent des plis dans les environs de Czernoschitz et de Wonoklas, pourquoi la coulée Krejči ne jouirait-elle pas du même privilège, dans le voisinage de Gross Kuchel? Le troisième pli synclinal est donc indispensable.

Si M. Lipold, à l'époque de son exploration, en 1860, avait connu l'existence de la coulée *Krejči,* on peut bien présumer, qu'il aurait découvert pour l'atteindre, soit un troisième pli synclinal, soit tout autre combinaison, également applicable aux trois horizons superposés de notre groupe probatoire.

Aujourd'hui, vouloir réparer l'insuffisance si imprévue du système des deux plis, serait un entreprise très délicate. On conçoit, en effet, que si les recherches de M. Lipold, appliquant les procédés géométriques de la *Markscheidekunst* avec la plus grande exactitude et avec la haute expérience d'un conseiller aux mines, lui ont montré uniquement deux plis synclinaux sur le terrain exploré, comment pourrait-il en trouver un troisième dans ses souvenirs? Et si les notes de ses observations étaient assez élastiques pour se prêter à cette découverte supplémentaire et tardive, n'hésiterait-il pas à infirmer lui même, aux yeux du monde savant, la confiance si hautement réclamée en faveur de ses premières affirmations, par les témoignages multipliés du respectable directeur Haidinger?

Ainsi, un fait qui pourrait sembler insignifiant, l'apparition imprévue de la coulée *Krejči,* vient jeter la perturbation dans le nouveau système d'attaque de nos contradicteurs. Avant même que nous ayons devant nous l'exposition régulière de cette conception, nous voilà dans le doute sur la question de savoir, si elle pourra être complétée par un troisième pli, ou bien si elle sera abandonnée à son tour, comme le système des dislocations, pour faire place à un troisième système.

Est-ce bien ainsi que se manifeste le *criterium* de la vérité?

2. Sous le point de vue moral.

La coulée *Krejči* nous présente le premier terme de la série des inconcevables négligences, des graves erreurs et des licences inouïes, signalées ci-dessus dans le travail de M. Lipold, et dont les termes suivans, se développeront graduellement, aux yeux de nos lecteurs.

Que M. M. Krejči et Lipold aient successivement passé et repassé à côté de la coulée *Krejči,* sans l'apercevoir, c'est un fait qui, s'il était seul de ce genre, pourrait être considéré comme accidentel, et nous serions le premier à excuser nos contradicteurs et à les consoler de leur mésaventure.

Mais, il en est tout autrement.

En effet, la coulée *Krejči* n'est pas la seule enclave que M. Lipold ait manqué de découvrir. Nous annonçons dès aujourd'hui, qu'il en existe sept autres, qui ont également échappé à l'attention de ce géologue, dans la région soi-disant *étudiée par lui jusques dans les plus petits détails.*

Ainsi, en tout huit enclaves, que M. Lipold a manqué de voir. C'est ce que nous constatons sur sa carte détaillée, qui est sous nos yeux.

Ces huit enclaves seront successivement décrites, dans nos publications suivantes.

A cette occasion, nous prions les savans de ne pas oublier, que nous ne prétendons nullement que ce chiffre 8 exprime notre dernier mot. Au contraire, nous leur ferons la confidence, qu'il nous reste encore une petite réserve, destinée à éprouver, s'il y a lieu, l'exactitude des recherches futures. — Les réserves ont gagné des batailles.

Remarquons maintenant, que M. Lipold a indiqué sur sa carte sept enclaves, pour établir les connexions entre l'extrémité de ses plis synclinaux, et nos deux colonies *Haidinger* et *Krejči*. Mais, si l'on retranche de ce chiffre, d'abord, celles de ces enclaves qui n'ont aucune réalité, et ensuite celles qui ont été signalées à M. Lipold par M. Krejči, on pourra se demander, en quoi consistent donc les découvertes résultant d'une exploration officielle, annoncée comme si admirable?

Remarquons enfin que, parmi les huit enclaves qui ont échappé à cette exploration modèle, il s'en trouve qui occupent, dans la série verticale des formations, une position que nous

nous plaisons à nommer providentielle, tant cette situation jette de lumière sur la véritable nature des colonies *Haidinger* et *Krejči.* Ainsi, nous pourrions dire que M. Lipold, en manquant de découvrir ces enclaves, a réellement manqué le grand chemin de la lumière et de la vérité.

En somme, le chiffre des huit enclaves dont nous annonçons aujourd'hui l'existence, ignorée de M. Lipold et la haute importance de plusieurs d'entre elles, suffisent bien pour caractériser ce que nous avons nommé les *inconcevables négligences* de ce géologue impérial.

L'emploi de ces expressions étant ainsi justifié par les faits, nous sommes dispensé de faire apprécier la confiance que doit inspirer la rare exactitude si hautement attribuée par M. le directeur Haidinger, aux recherches de M. Lipold.

Dans le cours des publications qui vont suivre, pour la défense de nos colonies, nous démontrerons de même, par des faits incontestables, qu'en signalant de *graves erreurs* et des *licences inouïes* dans le travail de ce haut dignitaire de la géologie, nous n'avons franchi les limites, ni de la justice, ni de la modération.

CHAPITRE VI.

Résumé. — Etat de la question.

Il est important de fixer aujourd'hui le sujet de ces débats, dans des termes clairs et précis, qui ne puissent donner lieu à aucune équivoque.

Nous distinguons deux questions :

I. Question principale : existe-t-il des colonies ?

Dans notre mémoire de 1860, intitulé *Colonies &c.* nous avons fondé notre doctrine relative à ces phénomènes, avant tout, sur les faits fournis par la colonie *Zippe;* faits que nous considérons comme incontestables. *(Bull. Soc. géol. de France. XVII. p. 615.)*

Or, jusqu'à ce jour, ces faits n'ont été contestés par personne. Nous avons même cité ci-dessus les termes explicites, par lesquels M. le conseiller aulique Haidinger reconnaît, qu'ils sont parfaitement établis.

Ainsi, notre doctrine des colonies, ne reposerait-elle que sur la considération de la colonie *Zippe,* est solidement fondée.

La question principale: *existe-t-il des colonies?* est donc résolue affirmativement et se trouve hors de discussion.

II. Question secondaire : les colonies Haidinger et Krejči méritent-elles ce nom ?

Dans le même mémoire, nous avons décrit également les deux colonies *Haidinger* et *Krejči*, *comme pouvant aussi servir de base à notre doctrine. (p. 616.)*

C'est sur cette question secondaire, que se sont élevés les débats actuels, ainsi que le témoignent les termes du rapport de M. Haidinger, cité ci-dessus.

Or, après avoir exploré la zône où sont situées nos colonies *Haidinger* et *Krejči*, M. le géologue en chef Lipold déclare, que ces deux enclaves représentent simplement des lambeaux de notre étage calcaire inférieur *E*, accidentellement enfermés dans les plis des formations de la bande *d 5*, couronnant notre étage des quartzites *D*. D'après le rapport de cet explorateur, en date du 11 décembre 1860, les argumens qu'il présente contre nos deux colonies peuvent être formulés comme il suit:

1. Dans la contrée de Litten et Mnienian, non loin de Karlstein, on voit l'origine de deux plis synclinaux, accompagnés par les plis anticlinaux correspondans.

Chacun de ces plis synclinaux consiste dans deux bandes parallèles de trapp, comprenant entr'elles une bande intermédiaire de schistes à Graptolites.

Nous ajouterons que, sur la carte de M. Lipold, qui est sous nos yeux, ces trois bandes prenant leur origine dans l'étage *E*, sont figurées, pour chacun des plis, avec une grande régularité et une compléte continuité, sur une longueur d'environ 11,000 mètres, dans la direction du Nord-Est, c. à d. à partir des environs de Litten, jusques près du village de Wonoklas, où elles paraissent se terminer en pointe.

2. Mais, au delà de Wonoklas, en continuant à s'avancer vers le Nord-Est, les deux plis synclinaux sont encore reconnaissables par leurs traces, consistant dans une série d'enclaves isolées, en tout analogues aux colonies, et qui sont distribuées sur une longueur d'environ 11,000 mètres, c. à d. jusque près de Gross Kuchel.

3. Ces enclaves figurant une série, tantôt simple, tantôt double, aboutissent exactement aux deux colonies *Haidinger* et *Krejči*. Ces colonies ne sont donc que des lambeaux de l'étage *E*.

A ces assertions, nous répondons par les assertions suivantes, diamétralement opposées:

1. Les prétendus plis synclinaux et anticlinaux, tels que les conçoit M. Lipold, n'existent pas.

2. En supposant même gratuitement, que ces plis existent, sous une apparence et avec un développement quelconque, ils n'ont aucun rapport d'origine, ou de nature, ni avec les enclaves isolées, que M. Lipold considère comme leur prolonge-

ment vers le Nord-Est, à partir de Wonoklas, ni avec nos colonies *Haidinger* et *Krejči*.

3. En un mot, ces colonies ne peuvent être expliquées, ni par des plis, ni par des dislocations, ni par aucun autre accident physique, quelconque. Elles représentent réellement la coexistence partielle et anticipée de notre faune troisième, avec notre faune seconde, tout aussi bien que la colonie *Zippe*.

La discussion de ces assertions si contrastantes ne peut être entreprise par nous, que lorsque M. Lipold aura publié sa carte, ses profils, et son mémoire *in extenso*, car les détails spéciaux dans lesquels nous devons entrer, ne peuvent être compris, que lorsque ces documens seront sous les yeux de nos lecteurs.

Nous conjurons donc M. le directeur Haidinger et M. le géologue en chef Lipold, de publier le plutôt possible ces pièces officielles, *dans leur intégrité primitive*.

Si ces documens ne sont pas publiés dans un bref délai, avec toute l'intégrité que nous demandons, ce fait seul démontrera, aux yeux de tous les hommes clairvoyans, que les affirmations de M. Lipold, *sont illusoires et non fondées sur les faits*.

En attendant, pour préparer les élémens de la discussion finale, nous exposerons quelques faits isolés, comme celui que nous venons de signaler au sujet du groupe probatoire, et qui suffirait à lui seul pour renverser le système des deux plis synclinaux.

Conformément à nos habitudes, et dans le but de perpétuer le souvenir de notre gratitude envers M. Lipold, pour sa coopération, si non volontaire, du moins très efficace, dans l'œuvre laborieuse de l'illustration de nos colonies, nous profiterons de cette circonstance, pour graver son nom d'une manière ineffaçable, sur deux des enclaves de la zône qu'il a explorée.

Nous décrirons donc ces enclaves, en temps opportun, sous les noms de *Colonie Lipold* et de *Coulée Lipold.*

Nemo indonatus abibit. Virgile.

Prague, 25 nov. 1861.

J. BARRANDE.

IMPRIMERIE DE CHARLES BELLMANN À PRAGUE.

www.ingramcontent.com/pod-product-compliance
Ingram Content Group UK Ltd.
Pitfield, Milton Keynes, MK11 3LW, UK
UKHW022007260726
13994UKWH00004B/1977

9 782329 343242